FAO中文出版计划项目丛书

粮农组织畜牧生产及动物卫生论文180

控制牛传染性胸膜肺炎：协调行动政策

联合国粮食及农业组织　编著

朱　琳　赵思俊　徐发荣　等　译

中国农业出版社

联合国粮食及农业组织

2021 · 北京

引用格式要求：

粮农组织和中国农业出版社。2021年。《控制牛传染性胸膜肺炎：协调行动政策》。中国北京。

15-CPP2020

本出版物原版为英文，即 *Control of contagious bovine pleuropneumonia：A policy for coordinated actions*，由联合国粮食及农业组织于2019年出版。此中文翻译由中国动物卫生与流行病学中心安排并对翻译的准确性及质量负全部责任。如有出入，应以英文原版为准。

ISBN 978-92-5-134694-5（粮农组织）
ISBN 978-7-109-28155-4（中国农业出版社）

本书译审名单

翻　译　朱　琳　赵思俊　徐发荣　王梦瑶　孙映雪
　　　　袁丽萍　辛九庆　高向向　张秀娟

审　校　宋建德　郑雪光

致 谢
ACKNOWLEDGEMENTS

感谢联合国粮食及农业组织同行评议人员 Bouna Diop 和 Akiko Kamata 对本出版物作出的宝贵贡献。

缩略语
ACRONYMS

AMR	抗微生物药物耐药性
AU-IBAR	非洲联盟非洲动物资源局
AU-PANVAC	非洲联盟泛非兽医疫苗中心
CAHW	社区动物卫生工作者
CBPP	牛传染性胸膜肺炎
CFT	补体结合试验
ELISA	酶联免疫吸附试验
Ep	肉眼可见的病理损伤
GALVmed	全球家畜兽医学联盟
IAEA	国际原子能机构
MmmSC	丝状支原体丝状亚种 SC 型（小菌落型）
OIE	世界动物卫生组织
PCR	聚合酶链式反应
RECs	区域经济共同体
WHO	世界卫生组织

前　言
FOREWORD

本文件旨在贯彻联合国粮食及农业组织-世界动物卫生组织-非洲联盟非洲动物资源局-国际原子能机构（FAO-OIE-AU/IBAR-IAEA）牛传染性胸膜肺炎（CBPP）咨询小组第五次会议提出的建议，并为全球、区域和国家层面的所有利益相关者合理防控CBPP提供基于证据的政策。这项政策描述了根据各地实际情况防控CBPP的路线图。本文件虽然不是规范性文件，但列举了干预措施和控制措施相结合的例子，这些措施有效降低了CBPP的影响。本文件提出了促进监测和评估方案作用的指导意见，并将其作为验证和进一步改善防控策略的工具。

这项政策依据历史教训和当前的技术、流行病学和社会层面的问题而制定。附录1概述了过去实施的方案及其成功经验。附录2介绍了有关控制工具在当今社会经济背景下有效性的证据。这项政策包括有关抗生素使用的信息，旨在缓解当前抗微生物药物耐药性（AMR）问题带来的风险，并加强对CBPP的控制。

FAO-OIE-AU/IBAR-IAEA 牛传染性胸膜肺炎咨询小组第五次会议的主要结论

政策创新期将推动制定新策略，从而更好地控制CBPP，并为根除CBPP奠定基础（FAO-OIE-AU/IBAR-IAEA，2016）。会议认为：

- 需要根据当前社会经济和动物卫生机构的现实情况以及现有防控技术知识，重新评估政策和战略；
- 公共-私营-社区伙伴关系对于成功监测和控制CBPP至关重要；
- 免疫仍然是控制计划的主要工具，需要研发一种免疫期至少为两年的疫苗；

- 抗生素应用广泛，可以作为一种重要的工具，以一种可控的方式应用于感染动物和暴露动物，与接种疫苗相结合；
- 应优先开展关于 CBPP 的研究，重点研发有效、优质的疫苗，进行现场快速诊断，合理制定将抗生素纳入控制计划的战略，以及开展流行病学和社会经济分析以支持计划战略；
- 根除 CBPP 是一个具有挑战性的长远目标，应当通过分阶段的渐进性控制方案来实现。

执行概要

EXECUTIVE SUMMARY

在国际和国家层面，控制和管理CBPP的政策比较混乱。几十年来，随着社会发展和人口增长，现有疫苗或诊断试验的有效性没有明显改善，使许多传统的检疫干预措施在实施中问题凸显。大规模免疫和严格移动控制的经典策略曾被认为能够成功遏制该病，但由于高昂的成本，以及对效果下降和公众抵制日益加剧的担忧，这些策略在很大程度上已不再适用。官方不鼓励或禁止使用抗生素治疗，但抗生素的使用却很普遍。CBPP是一种神秘的疫病，研究结果往往缺乏可重复性，原因主要是与病原体的基本病理生物学有关。这使战略对话复杂化，并延迟了决策。监管和政策环境仍然适合于预期的免费公共资助方案，尽管执行水平不足以真正为农民服务。鉴于此，FAO-OIE-AU/IBAR-IAEA牛传染性胸膜肺炎咨询小组第五次会议得出以下结论：

"未能遏制CBPP主要是由于缺乏连贯的、切实可行的政策，以及缺乏协调的、渐进性控制的现实方法。"

（FAO-OIE-AU/IBAR-IAEA，2016）

近几十年来，由于对CBPP缺乏连贯的、切实可行的政策，导致了该病死灰复燃，抗生素的无管制使用也有所增加。

在不采取移动控制的情况下，当前的疫苗无法完全有效降低CBPP的传播。只有采取综合控制措施，才能改善疫病风险管理。在目前可选用的组合方法中，抗生素治疗和对风险动物接种疫苗将对控制疫病传播产生最大影响。对抗生素的研究表明，使用抗生素治疗有助于促进临床康复，可以清除感染，降低死亡率。更重要的是，抗生素可以抑制病毒传播，进而控制疫病扩散。

在大多数国家，CBPP疫苗和免疫接种均由政府兽医机构严格控制和实施。为使免疫有助于控制疫病，无论是单独免疫还是采用结合治疗的方法，必须增加疫苗供应，加强免疫。此外，应尽早提出正确实施免疫和治疗方案的指导建议，以最大限度地提高免疫和治疗效果，并将出现AMR的风险降至最低。鉴于当前的信息和社会力量，CBPP控制政策的合理化对于实现减少不当使用抗生素这一目标至关重要。

鉴于缺乏资助CBPP公共控制方案实施的资源，国家必须努力调动所有潜在的投资来源，并优先采用成本效益高的资助机制。为控制CBPP，牲畜所有者愿意在抗生素和疫苗方面投资。为优化控制效果，应建立新的、公认的公共-私营-社区伙伴关系，放开受管制疫苗的供应渠道，同时应验证这种方法的效果。公共部门应协调、认可并密切监测这些方案的实施情况。

为进一步控制CBPP，建议采用时限三分法：

- 拓展实施综合控制措施的阶段，旨在优化免疫、治疗和制度设置对CBPP控制措施的实施和监测的贡献。在这一阶段，将以一种基于证据的方式并结合行为研究来加强对CBPP的控制。
- 政府协调监管下的积极控制阶段，旨在疫情流行地区遏制疫病的流行，直至消灭疫病。
- 未来10年，将评估疫病控制的进展情况，以考虑根除疫病的可行性。主要评估因素包括CBPP的流行病学状况、现行控制计划的影响以及新工具的可用性。

为完成预期目标，需要进行重大技术和制度变革，并辅以应用行为研究。为取得成效，需要在国际组织协调一致的支持下进行新的思考，从而重新制定控制措施。这就要求FAO和OIE在抑制AMR过程中与主要利益相关方进行对话，并发挥主导作用。AU-IBAR与各区域经济共同体（RECs）是主要利益相关方，它们将共担责任，并与国家主管机构和牲畜所有者共同参与该计划的实施。由于尚未衡量新的综合方法的所有潜力，现在确定根除日期还为时过早。但有专家提出，为期10年的治疗和免疫创新以及积极的风险管理和动物移动控制等措施，将能提供足够的信息，从而作出基于证据的根除决定。

目 录

CONTENTS

1 关于牛传染性胸膜肺炎的政策目标

牛传染性胸膜肺炎

该政策的总体目标是通过改进和协调牛传染性胸膜肺炎（CBPP）控制措施，提高牛对国家经济、粮食和营养安全以及生产者和其他价值链参与者生计的贡献。

以下具体目标将有助于实现这一总体目标：

- 在保护生计、降低抗微生物药物耐药性（AMR）发生的风险以及最大限度地降低 CBPP 在牛群中传播的风险等方面，提升一系列 CBPP 控制措施的技术效果；
- 让更多牲畜所有者参与实施有效的 CBPP 控制干预措施；
- 更好地发挥市场力量，帮助推动牲畜所有者和动物卫生服务价值链的参与者参与实施控制计划；
- 在改进诊断和治疗方法以及研发疫苗方面，进行新一轮投资。

2 牛传染性胸膜肺炎的定义和影响

牛传染性胸膜肺炎（CBPP）是由丝状支原体丝状亚种 SC 型（MmmSC，小菌落型）引起的一种传染病。个别病例可能表现为亚临床、急性或慢性感染。CBPP 是一种潜伏性疫病，长期存在于牛群中，造成严重的发病和死亡。主要临床表现为肺炎、胸腔积液及胸膜表面纤维蛋白沉积引起的呼吸功能不全。该病的潜伏期为 3～8 周，在肺部形成脓肿样的坏死灶，可痊愈。坏死灶是一种 MmmSC 活病灶，感染期可能会持续 6 个月。曾有人多次尝试证明有坏死灶的动物可以传播疫病，但均未成功（Windsor 等，1977）。感染 CBPP 会引起短暂的抗体应答，因此可以用血清学试验检测主动感染或数周内的免疫接种。有文献指出，自然康复动物可终生免疫。目前，除了南部非洲的几个国家外，该病在非洲撒哈拉以南地区呈地方性流行。

在 CBPP 呈地方性流行的地区，感染率可高达 10%，但通常低于 5%。CBPP 在各地的流行率和影响的差异很大。一些受影响地区（如南苏丹、坦桑尼亚北部）将该病列为高度优先防控的疫病，而其他地区则表明该疫病只是零星散发（如索马里地区）。人们认为这是由于牛群的密度、放牧方式和环境条件等因素造成的。在流行率高的疫区，慢性感染比较常见，染疫动物在几个月内身体状况和生产力急剧下降。一方面 CBPP 可以阻碍活动物贸易，博茨瓦纳和纳米比亚等国已投入巨资维持其经 OIE 认可的无疫状态，并将其无疫状态作为向欧洲出口肉类所需标准的一部分。另一方面，CBPP 不会通过肉类传播，这表明运用基于商品的风险管理方法可能会更合适。

牲畜所有者投入大量资源购买抗生素来控制 CBPP。在一些国家，即使是零星散发 CBPP 的地区，可能也会出现限制动物移动或增加交易成本的情况，如为取得国内市场移动许可而支付的非正规费用。目前无法准确统计因发生 CBPP 而导致的控制成本和牲畜价值降低的间接成本，但估算该数额相当巨大。

3 疫病控制和根除原则

对个体生产者而言，减少临床发病相当重要。但从实现疫病控制和根除的目标来看，只有在有效防止疫病扩散、抑制病原体在牛群中传播的前提下，减少临床发病或开展临床治疗才有价值。然而在现实中，大多数关于 CBPP 疫苗的研究和一些抗生素研究都更多的关注临床影响，而不是关注干预措施对疫病传播的影响。

在流行病学术语中，病原体在一个群体中的传播能力取决于病原体在该群体中的传播性，这可以用一个称为基本再生数（R0）的参数来描述。简单地说，R0 是指当一只感染动物进入完全易感的畜群时直接引发的继发病例数。当 R0＞1 时，疫情就会扩散。当 R0＜1 时，这种疫病就会从畜群中消失。实施疫病控制措施的目的是将 R0 减少到 1 以下。因此，疫病控制措施对消除疫病的贡献取决于其对病原体传播的影响力。

疫病的传播情况取决于染疫动物和易感动物的数量，以及这两类动物之间的接触情况。常用的疫病控制措施主要有 3 种，分别是：消除染疫动物的传播能力；保护或剔除易感动物；禁止这两类动物之间的接触。

通常，与易感畜群的数量相比，染疫动物只占少数。因此，消除染疫动物往往是减少传播的最有效方法。在动物疫病控制中，有两种方法可以消除染疫动物：屠宰或治疗。

通常，通过接种疫苗使易感动物产生免疫力，从而降低其易感性。这种方法面临的挑战是，需要使大多数牛群产生免疫力（群体免疫力），以阻断疫病传播。移动控制和隔离检疫是隔离牛群、防止染疫动物与易感动物接触的技术手段。这些牛群在感染消除之前必须一直处于隔离状态。由于 CBPP 有很长的潜伏期和感染期，控制接触的措施必须持续数月甚至数年才能发挥效果。

4 控制牛传染性胸膜肺炎的未来之路

未能遏制 CBPP 的主要原因是缺乏连贯的、切实可行的政策，以及缺乏协调的、渐进性控制的现实方法。因此，当务之急是重新考虑在非洲大陆控制 CBPP 的战略方针，并明确各国可以有效实施的、改进的控制战略。

为适当、持续地控制 CBPP，需要作出强有力的政治承诺，将 CBPP 列为一种优先控制的重大疫病，以说服各国政府、区域组织、国际机构和资助伙伴在 CBPP 控制方面进行投资，以此作为改善粮食安全、民生和社会福祉的基础。

在可预见的将来，公共部门（政府和国际捐助者）可能不会大幅增加对控制 CBPP 的投资。从中期（5～10 年）来看，审慎的政策有助于进行适度的公共投资以及寻求增加市场力量的积极作用。不幸的是，许多社区已经被“训练”到需要依靠政府来接种疫苗，但却自行购买抗生素。尽管牲畜所有者存有免费接种疫苗的期望，但他们已经购买了抗生素，在 CBPP 控制方面进行了大量投资。因此，未来的目标是通过实施有效、协调的控制措施，使这项投资产生更大的效益。

显而易见，政府应负责协调控制、开展监测以及管控疫苗和治疗方法。最好将控制干预措施的落实作为政府、私营部门和社区共同的责任。干预措施应能够动员所有部门，发挥市场力量，最大限度地推动疫病控制。

最好将控制干预措施的落实作为政府、私营部门和社区共同的责任

牛传染性胸膜肺炎控制政策的指导要素包括：

- 对疫病的流行病学和社会经济影响以及控制方案进行循证分析；

- 将免疫、治疗和生物安全活动纳入明确、有效的控制方案；
- 建立有效的公共-私营-社区伙伴关系，以规范免疫、治疗和监测服务；
- 大力推动基础研究。

上述政策的制定，主要依赖于过去几年积累的关于各项 CBPP 控制措施功效和有效性方面的知识和经验。FAO-OIE-AU/IBAR-IAEA 牛传染性胸膜肺炎咨询小组（FAO-OIE-AU/IBAR-IAEA，2003；FAO-OIE-AU/IBAR-IAEA，2006；FAO-OIE-AU/IBAR-IAEA，2016）的建议、OIE 关于 CBPP 的标准（OIE，2016）以及 OIE 无疫状态认可和官方控制计划支持指南（OIE）都体现了这些知识和经验。

4.1 综合控制干预措施

“有证据表明，抗生素能够在控制 CBPP 中发挥作用，特别是在受控条件下使用时，可以作为‘扑杀’政策的替代方法，取代屠宰受影响动物或接触动物。目前迫切需要进行试点研究，以比较并证明这几种替代控制措施，特别是证明在受控条件下采用免疫接种与抗生素相结合的方法可以完全有效地控制 CBPP。

目前，在 CBPP 持续流行的国家，控制该病的唯一切实可行的方法是实施有效的免疫政策，应予以鼓励。目前的疫苗尽管有其局限性（免疫期短，需要冷链运输），但如果使用得当，使用正确的剂量并确保疫苗的高效运输，就能够提供足够的保护。”

牛传染性胸膜肺炎咨询小组第五次会议
（FAO-OIE-AU/IBAR-IAEA，2016）

现有的技术信息和社会分析表明，需要采用一种新的综合方法来控制 CBPP。公众对移动控制或扑杀几乎是零容忍。在社会上，免疫和治疗都是可以接受的，尽管关于 CBPP 的数据从来都不是完全透明，但有足够的信息可以得出结论，这两种方法单独使用时都有一定效果，牲畜所有者愿意在免疫和治疗方面进行投资。

流行病学分析表明，治疗 CBPP 病例与免疫健康接触动物相结合，比单独治疗或单独免疫的效果更好（Mariner 等，2006）。

目前，广泛使用抗生素，但没有大规模免疫的情况更加常见，需要采取行动以进一步加强免疫。研究和传统观点表明，当牲畜所有者优先控制 CBPP 时，他们会进行相关投资，投资偏好因社区而异。现有资料表明，尽管公众更喜欢定期免费的公共免疫接种，但在没有免费计划或免费计划有限的情况下，他们愿意并确实会为采取控制干预措施付费。

4.2 合理的治疗实践

采取国际协调行动限制 AMR 的发展对全球卫生至关重要。2015 年，世界卫生组织（WHO）大会通过了《抗微生物药物耐药性全球行动计划》。该计划提出了一项具体建议，即需要在国际和国家层面制定合理的、可执行的抗生素使用政策。该计划呼吁 FAO“动员和支持食品和农业领域的生产者和利益相关方在畜牧和卫生方面采取良好做法，以减少抗生素的使用及其 AMR 产生和传播的风险”。2016 年，OIE 通过了第 36 号决议，呼吁制定 AMR 战略（OIE，2016），同年 FAO 启动其《抗微生物药物耐药性行动计划》（FAO，2016）。FAO 的行动计划和 OIE 的战略与《抗微生物药物耐药性全球行动计划》相一致，都呼吁采取同一健康的方法来解决 AMR 问题。鉴于当前的信息和社会因素，CBPP 防控政策的合理化对于实现减少不当使用抗生素这一目标至关重要。当前关于 CBPP 免疫和治疗的政策直接促使抗生素的广泛使用，并易产生耐药性。事实上，目前有关 CBPP 控制和 AMR 风险的形势非常严峻，FAO 和 OIE 有义务采取行动。对于抗生素使用政策，需要采取一种与控制其他细菌病原体一致的科学方式，建设性地控制 CBPP。需要制定针对控制 CBPP 而使用抗生素的适当政策，以降低当前基本不受监管、不协调的 CBPP 控制计划带来的 AMR 风险。

将依据以下因素，制定可执行的政策，以有效减轻因控制 CBPP 而使用抗生素的影响：

- 证明抗生素使用的好处和风险的证据，该证据主要是从精心设计的研究中收集的原始数据；
- 对当地控制 CBPP 和其他牛肺炎而使用抗生素的社会经济驱动因素进行切实可行的评估；
- 提供动物卫生服务和进行投入的当前市场和制度环境；
- 确定受 CBPP 影响的所有社区和生产系统中的牲畜所有者能够负担得起且可参与的 CBPP 控制计划。

虽然需要进行更多应用研究来进一步完善治疗方案并评估新一代抗生素，但合理使用抗生素是控制 CBPP 的一种良好做法。对抗生素的研究表明，在临床康复过程中用抗生素辅助治疗可以清除感染、降低死亡率。但更重要的是，抗生素可以有效抑制疫病传播。忽视或否定使用抗生素的好处和驱动因素的政策是糟糕的政策，会导致糟糕的做法和不良后果。

现在至关重要的是，必须对治疗 CBPP 和其他肺炎所用的第三代大环内酯类和长效土霉素、泰乐菌素和丹诺沙星等抗生素的给药方案，提出明确、实用的建议（Lees 和 Shojaee-Aliabadi，2002）。必须重点宣传可靠的政策，以鼓励安全、有效地利用现有信息。

管控当前 CBPP 和其他细菌性牛肺炎的治疗方法的关键步骤是谨慎使用抗生素。由于大多数诊断都是在临床基础上做出的，而 CBPP 鉴别诊断的疫病主要是其他细菌性肺炎，因此，将使用抗生素治疗所有牛肺炎作为抗生素行动计划的目标是有意义的。抗生素行动计划包括以下必要步骤：

- 记录现行做法和所用药物的剂量；
- 确定无效或高风险的做法；
- 通过操作性研究，记录有效的治疗方案及其效果；
- 根据方案干预目标和对未来疫病流行率的估计，预测未来的使用程度；
- 调整政策、沟通工具和法规，以创造可以合理使用抗生素的环境；
- 制定监测方案，评估 CBPP 控制进展、抗生素使用数量、丝状支原体丝状亚种 SC 型（MmmSC）野菌株耐药性的出现以及良好治疗方法的采用程度。

CBPP 鉴别诊断主要是其他细菌性肺炎。在田间，在以牛为重要经济来源的社区，牲畜所有者和兽医可以进行良好的临床诊断，并根据合理的敏感性和特异性识别 CBPP。此外，用同样的抗生素治疗其他细菌性肺炎是适当的，也是没有争议的（Sarasola 等，2002）。现场快速诊断将提高肺炎鉴别诊断的准确性，但在流行地区的常规控制过程中，在不改变治疗计划的情况下，将增加大量费用。由于治疗计划的目标是促进更好地使用抗生素（适当的剂量、治疗计划等），该计划将通过一系列鉴别诊断，降低 AMR 的风险。

4.3 使用牛传染性胸膜肺炎疫苗的合作伙伴和市场

鉴于有关公共 CBPP 控制的财政限制，必须找到利用现有资源的办法。各国应建立公共-私营-社区伙伴关系以控制疫病。这显然符合《抗微生物药物耐药性全球行动计划》的建议，该计划倡导建立公-私伙伴关系，以加强实施干预措施，从而减少疫病的流行和对抗生素的需求。

牛传染性胸膜肺炎咨询小组第五次会议（FAO-OIE-AU/IBAR-IAEA，

2016）强调，应在国家层面实施强有力的公私合作战略。这种战略可以在国家兽医机构的监督监管与私营兽医部门的受监管、（由国家）授权的经营职能之间实现政策平衡，成为一种关键工具。

在不希望成为一种规范性指令的情况下，建议政府考虑以下因素：

· 放开供应获得许可和认证的 CBPP 疫苗；
· 授权私人兽医提供 CBPP 免疫服务；
· 衡量工作量报酬和服务报酬的影响；
· 社区动物卫生工作者（CAHW）在 CBPP 控制中的作用；
· 公共部门签发许可、确定目标并监测合规情况和进展情况。

兽医机构和经认可的药物管制机构应选择信誉好的 CBPP 疫苗供应商，并为其颁发许可证，只准许大量进口具有非洲联盟泛非兽医疫苗中心（AU-PANVAC）质量证书的疫苗。应将私人兽医纳入国家 CBPP 控制计划。可制定资格认证程序，使兽医学习关于国家战略和建议的 CBPP 控制方法的短期课程。付费的 CBPP 服务可以产生积极和消极的影响，这些影响不仅仅是由付款本身的要求决定，还取决于这笔钱的用途。

这种付费服务的方法，可能会对参与度和合规性产生重大影响。如果在地方层面保留付费服务，以支付劳动力、基础设施（如畜栏、浸浴池和水井）和运输成本，就会刺激服务提供价值链产生更大的活力。如果将款项返还给中央主管机构，那么这实际上就是一种税收形式，会阻碍活动的开展。付费服务可以使牲畜所有者要求获得及时和优质的服务。这一概念是根据工作量支付报酬，是对开展活动的一种激励，而不是像日常津贴或田间津贴这样与免疫接种数量和质量没有直接联系的权利性付款。

CAHW 曾在传染病控制和根除方面发挥了重要作用（Mariner 等，2012），包括纳入 CBPP 控制计划。根据 CBPP 控制计划，应在认证兽医的监督下评估 CAHW 在 CBPP 免疫和治疗工作中的作用。

无论实施何种制度，公共部门都必须积极参与这一领域，评估合规情况，衡量进展情况并提供指导。这需要进行适当的预算拨款。

4.4 监测和疫病报告

监测对于制定战略、发现事件和衡量进展至关重要。

疫病报告系统是兽医机构的核心活动。然而，由于私人兽医在临床医学和一些控制方案中发挥的作用越来越大，公共部门的兽医和牲畜所有者之间的联系减少了。必须努力将私人兽医纳入疫病报告系统。对于 CBPP，如果实施了认证系统，就可以很容易地报告 CBPP 病例。牲畜所有者应将免疫的数量和治疗的疑似病例数量记录在活动报告和收据中。

在屠宰场监测 CBPP 病变是有用的，应继续作为是否存在疫病的指标。屠宰时病变率可能有很大的偏差，应该结合其他来源的信息使用。

应实施参与式监测，运用综合征病例定义确定 CBPP 病例。参与式监测小组了解参与者的态度和期望，这对指导政策和方案的设计很重要。应将参与式评估作为方案设计过程的核心。

血清学监测有助于衡量流行率和疫病控制计划的进展。由于疫苗、抗生素的有效期很短，应该在接种疫苗后至少两到三个月内进行血清学调查，这是衡量感染率的完美工具。然而，对于慢性病，如 CBPP，流行率取决于传播率和感染持续时间。需要结合临床和参与式监测来解释血清学结果，以充分描述感染的临床过程和结果。

应利用牧民的知识和其对动物的熟悉程度以及能够确定 CBPP 病例等综合征病例定义，实施参与式监测

4.5 影响评估

需要对 CBPP 及其控制措施的影响进行广泛的评估。CBPP 是许多非洲国家的地方性流行病。在这些国家由于缺乏适当的报告、对潜在条件的了解和经济评估，很难评估 CBPP 造成的损失。对 CBPP 的实际流行病学状况和经济损失进行评估，是有效制定 CBPP 控制方案的关键步骤。目前还不清楚这种疫病给生产者带来多少损失，包括他们在治疗方面的花费以及抗生素的用量。应重

点评估流行病学、经济、生计和制度的影响。如前所述，CBPP的流行病学和影响在不同农业生态区存在显著差异。对流行率的衡量只是一个中间变量，收集数据的成本非常昂贵。影响评估应力求在对流行率进行定性评估的基础上，量化结果变量，如成本和生计的影响。

4.6 操作性研究

应继续收集技术信息，进行参与式评估和社区交流，并利用相关信息设计一揽子控制方案，然后进行试点和评估。针对免疫和治疗相结合的多种方法，应开展大规模的田间试验。疫病模型表明，从牛群中清除CBPP最有效的方法是对临床病例进行抗菌治疗，同时对其他牛群接种疫苗。这种组合干预措施可以最大限度地减少疫病的传播。

针对免疫和治疗相结合的多种方法，应开展田间应用的大规模评估。

关于控制措施方案和落实机制的操作性研究，是CBPP的主要研究重点。操作性研究被定义为“探索有关干预措施、战略或工具的知识，以提高研究方案的质量、有效性或覆盖范围”（Zachariah等，2009）。应有效地设计操作性研究，以衡量过程参数（执行程度）和激励措施（利益相关者作出决定的经济、社会和文化原因），这些激励措施也是影响疫病、生产和生计的驱动因素。利益相关者的看法以及决定是否参与的原因，为研究方案的设计提供了宝贵的信息。这需要采用适当的方法，建议同时使用结构化定量工具和参与式技术手段。

4.7 研究更好的技术工具

必须继续优先开展基础研究，研究安全性更高和免疫原性更强以及免疫期更长的疫苗。在这三个领域中，任何一个领域的重大改进都将有利于提高农民的生计和国民经济。据牧畜所有者反馈，疫苗的不良反应是免疫的主要阻碍因素（Kairu-Wanyoike，Kiara等，2014）。

需要有针对性地开展疫苗基础研究，以证明免疫状态和免疫效果。众所周知，与无效免疫应答相关的炎症反应是CBPP病理学的主要组成部分。但是，公众对CBPP的免疫应答知之甚少，也从未有人正式记录过真正的免疫状态。有专家推测，现有的疫苗只能阻断感染，并不能诱导真正的免疫应答。有研究表明，自然感染的牛康复后可终身免疫，但这一点还没有在受控环境下得到验证。除了攻毒试验外，没有其他方法可以证明具备持久的免疫力。

新型疫苗的研究至关重要。要使疫苗成为一种真正的“独立”干预措施，就需要达到90%以上的高水平保护效力和足够长的免疫期（基本上是终身免疫），这相当于动物从自然感染中康复的免疫力水平。更可能出现的情况是，新疫苗很难达到如此高的标准。因此，仍需要实施新型疫苗与其他干预措施相结合的战略。

改进的诊断方法，特别是田间试验和早期感染检测，将充分发挥综合策略的效果。改进的诊断方法可以提升控制计划的针对性和指导性。由于牧畜所有者在很大程度上是根据成本来作出是否进行干预的决定，诊断试验的成本将是影响其效用的一个重要因素。应该首选能够进行鉴别诊断的低成本多重试验方法。然而，如果试验结果不能改变治疗决定（如肺炎的鉴别诊断），牧畜所有者和田间兽医就不太可能承担额外的试验费用。

目前，只有在未发现疫病的情况下，才能将牛群和社区视为无疫状态。疫苗与检测相结合，有助于鉴别并区分免疫牛和自然感染牛。

针对第三代大环内酯类药物的体内评估已获得良好的结果，包括临床治愈率高、清除感染和阻断后续传播（附录2）。应将评估治疗方案和综合干预措施（对健康动物接种疫苗，同时对患病动物进行治疗）的实施，作为干预或研究计划的一部分。

5 计划的实施

这项政策的成功取决于它的快速实施。要做到这一点，就需要确定实施这项政策所有相关要素的费用，并明确所需要的适当资源。此外，还需要使用简单的指标来扩大 CBPP 控制范围，从而监测在建设强有力的兽医机构方面取得的成功。

这些实施计划确定了未来 10 年根除 CBPP 的关键点。就根除目标作出决策之前，需要获得在开展综合控制计划过程中的操作性研究结果以及关于疫苗改进的大多数基础研究结果。

5.1 进展的协调和评估

国际协调是控制 CBPP 的必要因素。CBPP 是一种跨界动物疫病，许多流行区跨越国际边界。过去 20 年来，人们一再呼吁调整和重振 CBPP 控制计划（Thomson，2005）。然而，一直缺乏一种经授权可用于维持和指导这一进程的协调机制。CBPP 控制计划停滞不前以及疫病死灰复燃的原因之一是缺乏专门的协调机制。

国际协调的主要职能应是：

- 鼓励学习和适应性管理；
- 制订区域综合控制计划；
- 促进信息交流和学习新知识；
- 鼓励创新，促进开展高质量的应用和基础研究。

历年来，FAO 通过 FAO-OIE-AU/IBAR-IAEA 牛传染性胸膜肺炎咨询小组带头推动对话。在咨询小组中，各国和区域组织介绍各自的现状，介绍和讨论研究进展情况，并就 CBPP 控制原则进行对话。对话的精神是坦率、开放和包容的。但是，自 20 世纪 70 年代以来，任何国际组织都没有建立一套具体的协调机制。建议 FAO 和 OIE 在发挥现有作用的基础上，带头根据《跨界动物疫病逐步控制全球框架》建立一套协调机制，并有先见性地发起控制 CBPP 倡议。这项政策是控制 CBPP 倡议的第一个里程碑。

要取得进展，就需要强有力的兽医机构和有效的流行病学评估和信息交流系统。OIE 在确定流行病学目标、加强透明度和信息交流以及确认进展方面发挥着关键作用。AU-IBAR 是一个代表非洲畜牧部门的平台，在非洲地区有巨大的权威性和影响力。它们是政策对话和参与 RECs 的主要伙伴，在实施政策和次区域协调方面发挥了重要作用。除了 AU-PANVAC 在确保疫苗质量方面的作用外，还离不开 FAO/IAEA 粮食和农业核技术联合司在支持诊断技术和网络方面的强大传统优势。

除了传统的研究资助机制外，还应考虑建立“拉动”机制，比如对符合所需标准的新疫苗和诊断平台进行奖励。CBPP 疫苗和诊断的市场规模限制了全球制药企业的参与。奖励措施有助于吸引强大的私营部门参与研究。根据“拉动”机制的要求，需要解决定价问题，以确保预期受益人能够获得产品。

各国应建立由兽医官方机构主导的国家 CBPP 控制协调机制，并将其作为 CBPP 国家控制战略的一部分。理想的情况是，国家流行病学机构应该发挥重要作用，因为战略的实施取决于 CBPP 流行病学调查和风险管理。

5.2 分阶段实施的时限性计划

在过去 20 多年里，CBPP 控制策略逐渐没落，其前景至今仍不乐观，应立即采取实际行动。现在有足够的信息来加强改革和重新采取行动。适应性管理的原则主张，在假设未来的学习将证明新变化的合理性的同时，应根据现有信息制定最佳策略。在实践中学习，并将研究和学习作为计划的一部分。

在寻求防治这种疫病的新技术方面，投资的主要受益人必须是牧民自己（例如在南苏丹明卡门的养牛人）

对涉及多种干预措施、服务提供者和融资战略的新综合技术战略相关的行动研究进行批判性评价，就会发现使用现有技术能够控制到何种程度。与此同时，研究可能会带来更好的选项。建议分三个阶段，确定10年内根除的关键点。

5.2.1 第一阶段：推广综合控制（3～5年）

最初阶段是区域、国家和地方评估的阶段，目的是制定并实施区域和国家战略。战略部署的一部分是操作性研究，这是一种评估控制措施整合和服务体制安排的新方法。这可能会导致对国家进行优先排序，在这些优先国家中，早期的工作重点将扩大影响力，并在迅速遏制疫病或防止进一步传播方面取得成果。

第一阶段的具体目标是：

- 确定影响多个国家的区域感染系统，并根据区域疫病生态学制定协调的控制计划；
- 确定国家流行病学区，并制定分阶段逐步控制的国家战略；
- 整合屠宰场监测，特别是在高危地区，并在流行区进行实验室确诊；
- 分析牛传染性胸膜肺炎的影响，为计划的制定提供信息，并制定激励措施以鼓励参与；
- 制定和试行综合控制计划，既涉及技术工具，也包括为适当行动建立激励机制的执行体系；
- 培训和认证服务人员；
- 创建关于抗微生物药物使用和AMR的监测系统和基线数据。

区域和国家评估将定义流行病学区域，并评估一个国家内和跨国界的各种CBPP情况。开展实地评估，审查流行病学、生产和控制实践、对治疗和免疫的态度以及基础设施的水平。区域和国家评估的目的是确定关键控制点和机会，以加强免疫和监测。一个国家可能需要采取不同的控制战略和服务提供战略。

在此期间，各国将在尝试和验证新方法的基础上，继续控制CBPP。应向服务提供者和牲畜所有者充分阐述并传达新的控制战略举措。这需要进行人性化的沟通交流，描述不同参与者的角色和职责，并明确说明应用和整合控制工具的适当方式。例如，在疫情暴发时，应使用通俗易懂的语言来表述哪些动物需治疗以及哪些动物需接种疫苗。必须明确阐述和传达费用分摊的财务安排。应使用牲畜所有者的捐款来支付一些配送成本，如燃料、免疫的材料和人力成本。理想的情况是，应把牲畜所有者的捐款用来激励负责开展免疫活动的人员。这就为现场工作人员提供了基于工作量的激励，使其能够在现场有效开展工作。

在此期间，将细化控制措施，制定认证制度，并对主要参与者进行培训。培训内容包括控制 CBPP 资金筹集新机制的经验，这些机制将引导公众和牲畜所有者对协调控制政策进行投资。

将采取具体行动来规范治疗牛肺炎中抗生素的使用，解决剂量不足或过量使用的问题，并提供有效疗程相关信息。通过分离和检测 MmmSC 菌株，可以对当前抗生素的使用水平以及耐药性水平进行量化。应使用国家进口数据和实地研究结果建立量化基线。应针对普通肺炎管理、治疗和预防标准提供指导。其中一个目标是缩小抗生素在市场上的适用范围，以便于直接识别并提供关于剂量的指导。

收集影响评估的相关信息，包括因疫病控制行动导致的疫病负担的变化情况。监测抗生素的使用情况，每年根据数据和计划目标重新评估 CBPP 对 AMR 风险的影响。还需要收集控制活动间接影响牲畜所有者和服务提供者生计的相关信息，以优化一揽子控制措施。收集有关参与该计划的驱动因素的信息，以及当前疫病治疗方面的支出情况，并将这些作为评估的一部分。收集的信息应包括影响牲畜所有者参与的积极因素和消极因素，这些因素决定了服务提供模式。

国际社会在推进创新和促进分享新方法相关经验方面发挥着关键作用。FAO、OIE 和 AU/IBAR 将成为引导变革的核心，以更有效地控制和衡量进展。

5.2.2 第二阶段：积极控制（5～7 年）

在积极控制阶段，各国政府将开展监测（特别是屠宰场监测），持续监测政策的执行情况，并进行年度评估，以根据当地的变化改进战略。各国政府将通过公共-私营-社区伙伴关系继续推进这项计划实施。牲畜所有者对利益的看法对该政策的实施至关重要。

这一阶段的具体目标是：

- 在计划适用范围内，抑制疫病的发病率和影响；
- 优化抗生素的使用，将抗微生物药物的总使用量降低到当前水平的 10%，并减少出现 AMR 的风险；
- 在指定区域根除疫病。

在一个国家内确定流行病学区域并在区域内取得进展的战略至关重要。监测，特别是屠宰场监测，是实施这一战略的关键工具。建立永久的、制度化的控制并不是目标。如果计划不因地制宜、与时俱进，就会失去支持。国际和国家协调的任务是制定目标，并向利益相关方提出进一步改进的要求。

应每年审查该计划对抗生素使用的影响以及实现降低 90%目标的进展情况，负责监督 AMR 计划的利益相关方应参与这一审查。

5.2.3 第三阶段：根除关键点（10 年）

虽然学习和战略审查是现行计划的一部分，但时限性目标也是有效衡量计划进展情况必不可少的。

在 10 年期结束时，应对该计划进行评估，评估范围包括：

- 在计划适用范围内，抑制疫病的发病率和影响；
- 优化抗生素的使用，将抗微生物药物的总使用量降低到当前水平的 10%，并减少出现 AMR 的风险；
- 在指定区域根除疫病。

预计将在空间和时间上明确规定这些总体目标，作为实施计划的第一步，以强化计划的监测和评价。

在 FAO 和 OIE 的协助下，国际社会和国家主管机构应审查这些目标的进展情况、国家控制计划的效果和现有新技术，并确定可行的根除日程表。

6 结　论

现有的工具可以用来控制和根除 CBPP。尽管在过去 30 年中，控制 CBPP 的工具没有发生明显的变化，但社会条件已经发生了变化。如今，兽医机构和药品市场已经发生了巨大变化，变得更加自由，治理体系也发生了变化，牲畜所有者有了更多的权利，能够购买各种各样的服务。此外，利用现代基于证据的风险评估方法对 CBPP 流行病学重新进行了大量评估。据记载，有坏死灶的动物传播疫病的风险可以忽略不计。现在人们认识到，抗生素治疗的净效果极有可能降低群体中形成肺部坏死灶的总体数量和风险。为控制 CBPP，需要制定现代化的政策，以适应当前的社会条件和技术信息。

关于 CBPP 控制的政策并没有随着市场规律和动物卫生机构的发展而变化。CBPP 免疫仍然是为数不多的政府垄断项目之一，自从 20 世纪 90 年代大多数地区根除牛瘟后停止使用牛瘟和 CBPP 二联疫苗以来，CBPP 免疫一直没有得到有效实施。在控制 CBPP 过程中，在全面开放动物卫生市场的情况下，公共部门没有实施免疫接种，也没有就如何适当使用抗生素提供指导，直接导致了抗生素广泛但无节制的使用。解决这一问题的办法是，改变这种做法，使 CBPP 控制政策与当前动物卫生状况相一致。

迫切需要采取协调一致的行动。CBPP 对社区的生计和粮食安全的直接影响是一个值得关注的问题。解决 CBPP 威胁的有效需求是使用抗生素的主要驱动因素。目前的政策缺陷是直接造成非洲畜牧业中出现抗生素耐药性的最大因素之一。对于一种常见的、可治疗的微生物引起的疫病，官方无法强制执行禁止或阻止广泛使用抗生素的政策。本文件中介绍的方法旨在消除 CBPP 作为不当使用抗生素的驱动因素，并将抗生素的总体使用量降低到当前水平的 10%。

未来的发展方向取决于在政府良好的协调和监管下实施控制措施所需的公共-私营-社区合作伙伴关系。大规模实施严格的隔离检疫、移动控制和扑杀措施是不可行的。市场规律倾向于协调治疗和免疫干预，有证据表明，这两种方法都有合理的影响。动物标识是管理畜群、防止牲畜被盗和追踪监测病例的有

©粮农组织/ALBERT GONZAL EZ FARRAN

经过 FAO 培训的社区动物卫生工作者（例如在南苏丹伦拜克郊外的一个牛场的工作人员），是控制这种疫病的必要资源

效工具。然而，在非洲大部分地区，还没有实施动物标识制度，而且在经济和文化方面都存在着实施这一制度的重大障碍。如果标识制度可行，可能会成为控制 CBPP 的重要因素。

国际动物卫生界和各国政府需要采取行动，实施和验证新的控制方案和落实机制，以获取生物学和经济学的真实信息。

为实现目标，需要进行重大的技术和制度变革，并辅以应用行动研究。这不是首次尝试重启 CBPP 控制，这一进程需要 FAO、OIE、AU-IBAR、IAEA 和 RECs 协调一致的主导才能取得成功。应用现有生物学和制度工具的新方法所带来的所有潜在影响还有待观察，因此确定根除日期还为时过早。然而，经过 10 年的创新和积极控制之后，应该有足够的信息来对根除工作的完成情况作出科学判断。

附录1　牛传染性胸膜肺炎控制措施的演变情况

CBPP的控制和根除有着悠久的历史。这种疫病可能从远古时代就一直伴随着我们。根据德国的详细记录，可以追溯到1693年。大约在拿破仑战争期间，该病已在欧洲广泛传播，并随着活牛的贸易在该地区进一步扩散。后来通过殖民活动和贸易传播到世界大部分地区。CBPP在19世纪出现在北美，直到最近还一直在欧洲、亚洲部分地区和澳大利亚流行。像牛瘟一样，CBPP是在殖民时期通过进口外来牛只意外传入非洲的。

如今，发达国家已经根除了这种疫病。在非洲也有成功根除的重要案例，此外还有控制方面和无疫区重新感染的失败案例。本节将简要概述在社会文化条件下为控制CBPP而使用的一些主要策略，并为今后的控制工作提供经验教训。

1.1　不使用疫苗和诊断试验的根除计划

CBPP是19世纪下半叶在北美和欧洲大部分地区被根除的第一种疫病，是在没有诊断试验或疫苗的帮助下彻底根除的，这表明根除与有效的方法有关，而与技术无关。用感染材料进行皮下接种，为疫区的动物提供了坚强的免疫力。

1843年，CBPP传入美国。1876年，在加拿大被根除，但仍在美国流行。1879年，由于CBPP在美国广泛流行，英国限制从美国进口牛。1884年，美国成立了畜牧局（美国兽医机构前身），决定着手根除CBPP。1887年，该局被授权购买和销毁患病动物，并于1889年实施检疫。通过临床识别、消除疑似病例以及对场所进行消毒，美国于1892年根除了CBPP。

1898年，大不列颠及北爱尔兰联合王国根除了这种疫病。在第一次世界大战之前，欧洲大部分地区都根除了CBPP。这主要是通过移动控制和扑杀染疫牛及其接触的牛来实现的。欧洲在不同时期出现了零星病例，其原因是在监测和实施控制活动方面存在差距。自2000年以来，欧洲再未报告CBPP病例。

为根除疫病，需要坚定的承诺，并严格实施移动控制和扑杀措施。

1.2　诊断、免疫和严格的移动控制

随着补体结合试验（CFT）的出现，检测和屠宰方案变得切实可行。研制成功一些安全有效的疫苗，使实施免疫接种和严格的移动控制成为可能。

澳大利亚的例子说明了诊断和免疫技术的影响。CBPP于1859年通过从英国进口的牛传入澳大利亚。澳大利亚实施联邦制治理体系，各州采用的管理方法各不相同。全国各地都有一系列的生产系统和生态系统，北部各州较为干旱，主要是粗放型的养牛业。在染疫动物识别、染疫动物屠宰、免疫接种和移动控制等方面，各州使用了不同的组合方法。监测方法包括眼观检查、屠宰场监测和实验室检测。各州的共同之处是在州边界采取了非常有力的行动来限制牛的移动（Newton，1992）。

其中一种主要模式是识别并屠宰染疫动物，对其他牛群接种疫苗。在20世纪30年代补体结合试验出现之前，维多利亚州根据生产力低下和体温超过40℃的病例定义，确认了CBPP疑似病例。随后，疑似病例被屠宰，并对其他畜群进行了免疫。据文献记载，到1914年，维多利亚州采用这一模式几乎根除了CBPP。在补体结合试验可用之后，一种常见的方法是检测畜群，销毁染疫动物，对其他畜群接种疫苗，并在5个月内重新检测。早期的做法是在没有免疫的情况下进行检测和屠宰，但人们发现这种做法不太成功。

在澳大利亚北部，需要跋涉几百到一千多公里才能将牛赶到市场。在实施根除计划的过程中，基本运输方式转变为机动车运输，这种变化有利于完成全国的根除工作（Newton等，1992）。

1959年，澳大利亚决定将控制工作转向根除工作。1968年，联邦政府建立了一套统一的标准体系，将流行病学区划分为疫区、保护区和无疫区。建立了一套全国性的系统，帮助全国所有地区达到无疫状况。到1973年，全国所有地区都获得了无疫状态，1968年之后没有发现任何疫病迹象。1973年，澳大利亚宣布根除了CBPP。

在殖民时期和后殖民时期早期，非洲南部也采用了与澳大利亚类似的、基于标识和屠宰染疫动物的模式。当可以使用补体结合试验后，流动的补体结合试验小组负责隔离畜群，并在现场进行检测。阳性动物立即被屠宰。

坦桑尼亚也许是通过免疫和移动控制根除CBPP、且有记录的最好实例（Hammond等，1965）。该国详细记录了Masailand地区的检疫和早期免疫工作所面临的挑战。这场斗争持续了几十年。疫病管理措施包括对单个畜群进行跟踪，并要求畜群在两年内无疫的情况下才可解除隔离。在某些情况下，染疫畜群被转移到限制区，在那里可以更密切地监督它们的接触情况。该国还介绍

了检疫措施适应当地社区需求的重要性，以及在兽医部门人员长途跋涉将出售的动物运往屠宰的情况下，受监督的销售计划的适用情况。工作人员的奉献精神及其对细节的关注程度是令人瞩目的。Hammond 和 Branagan 得出的结论是，只有将坦桑尼亚 Masailand 地区和肯尼亚 Masailand 地区都作为协调的跨境根除计划的一部分，才能在 Masailand 地区根除 CBPP。

20 世纪 70 年代，牛瘟和 CBPP 二价联合疫苗 Bisec 研制成功（Provost 等，1970），这极大地促进了西非和中非每年开展大规模免疫活动。在西非和中非的萨赫勒地区，首选方法是进行大规模的免疫接种。鉴于生产实际，移动控制是不可行的。据记载，每年进行多次大规模的免疫接种，大大地抑制了这种疫病。联合疫苗的使用一直持续到 20 世纪 90 年代。为完成牛瘟根除工作，必须停止免疫，并停止使用 Bisec。如果没有大量资金用于控制 CBPP，CBPP 免疫率就会显著下降。

1.3　现状

尽管 CBPP 的官方报告并不可靠，但也说明了 CBPP 的再次复发（Masiga 等，1996；Nicholas 等，2000）。据记载，20 世纪 70 年代末约有 15 个国家感染，到如今已经有 30 个国家感染。这是由于免疫接种、投资和移动控制的减少而造成的。有专家指出，公共兽医机构质量的下降也导致了 CBPP 病例的增加。但总体而言，在 CBPP 复发期间，人们可能会获得更多兽医机构服务（公共和私营）。

在 20 世纪 90 年代中期，CBPP 在一些地区卷土重来，博茨瓦纳采取了“扑杀”措施，成功地根除了 CBPP。由于博茨瓦纳具有国际市场出口能力，因此有进行大量投资的动机，也有明确的理由采取严厉的措施，在尽可能短的时间内重新获得无疫状态。对博茨瓦纳的经验教训进行分析，可以看出“由于高昂的财力成本、疫病的广泛传播、动物福利方面的考虑以及可能导致的宝贵基因资源库的损失，目前受 CBPP 影响的许多国家无法实施扑杀”（Amanfu，2009）。

多数情况下，各国表示，CBPP 控制主要是一项公益事业，应由公共部门负责实施。此外，大多数具有多种生态系统和生产系统的国家已经设立了流行病学区域。在流行地区，实施的主要政策是政府每年进行大规模的免疫，不鼓励使用抗生素治疗。在大多数情况下，免疫接种都是免费的。通常采取的政策是限制动物在各区之间的移动，并在一定程度上实施检查、检测或许可制度。在某些情况下，签约私人兽医进行 CBPP 控制工作，但牲畜所有者无法购买 CBPP 疫苗，无法付费订购免疫接种服务。牲畜所有者不得不被动地等待免疫，而免疫充其量也是不定期的（Kairu-Wanyoike，Kiara 等，2014）。

不幸的是，各国政府每年都没有资源来稳妥免费地实施大规模的免疫，而且每年最多只能覆盖有限的一部分流行地区。捐助者不愿对一项开放式的控制计划进行投资。在大多数国家，只有部分地区实施了移动控制，在一些最糟糕的情况下，这纯粹是收取非正式费用的机会。

研究表明，牲畜所有者愿意投资来控制 CBPP（Mariner 等，2006；Kairu-Wanyoike，Kaitibie 等，2014）。问题是有哪些方面需要牲畜所有者付费？

目前，抗生素是唯一可以随意购买的一种 CBPP 控制干预药物，因此，抗生素被广泛用于控制 CBPP。最常见、最常用的是各种剂型和浓度的土霉素。在一些地区，CBPP 被认为是抗生素销售的最主要推动因素。

治疗是随时进行的，没有任何具体的建议方案。通过注射药物来治疗动物，直到其临床症状得到改善（通常是在单次注射后）。如果症状复发，再次进行治疗。治疗的普及并不是什么新鲜事（Orue 等，1961）。然而，如今抗生素已经被广泛使用，但免疫接种却尚未普及。

大多数国家允许进口各种浓度的土霉素（3%～20%）。对于许多农民来说，根据动物体型确定适当剂量是一个挑战，而且允许进口的浓度范围很广，这可能导致使用的剂量不足或过量。

应注意以下两点：

- 尽管建议接种疫苗，但目前关于免疫的政策限制了牲畜所有者接种疫苗的机会，并刺激了现有抗生素的使用。
- 缺乏关于抗生素使用的适当政策和公共指导，妨碍了对使用抗生素的有效管理，并导致使用效果不理想，从而最大程度地增加了产生抗生素耐药性的风险。

目前的形势是由严重的政策失败造成的。现行政策的目标是通过公共免疫计划鼓励控制疫病，并阻止使用抗生素。但这些政策的实际结果恰恰相反，造成了严重无节制地使用抗生素以及有限的免疫接种。在使用抗生素治疗 CBPP 和其他肺炎的过程中，进行适当指导和监管，将增加抗生素的效果和治疗的成本效益，最重要的是，将降低产生 AMR 的风险。

附录2　当前控制牛传染性胸膜肺炎的措施

多年来，已经有很多关于CBPP及其控制的文献。在关于CBPP的文献中，有许多关于传统观点的描述无法追溯到原始证据。此外，过去强烈要求采取的具体措施在现代社会已经失去了意义。有研究CBPP的学者建议，需要使用一种基于证据的方法来审查文献，通过这种方法可以研究相关数据，从而区分事实和观点。

2.1　移动控制、屠宰场监测和动物标识

对于CBPP控制，严格的移动控制是有效的，也是免疫和扑杀计划的一部分。然而，关键词是"严格"，这意味着在几个月到几年内都不会有任何移动。由于CBPP潜伏期和感染期的总持续时间可能超过6个月，因此限制移动的时间需要持续6个月以上才能有效果。

采取严厉措施的一个案例是，坦桑尼亚北部的Loliondo社区在20世纪50年代就被彻底隔离了5年多，这意味着没有牛可以出售。殖民地检疫员指出，CBPP隔离检疫政策影响了社区的生计，造成了"近乎饥荒的状况"(Hammond，1965)。显然，该措施的不利影响使其不适用于更大范围的社会环境，幸运的是，这种程度的移动控制在如今不可能实施。

屠宰场监测，特别是在高危地区，可以作为一种强大的监测工具，根据病理学结果来估计流行率（Noah等，2015；Marobela Roborokwe，2011)。然而，由于潜在的偏见以及在正式屠宰场实际屠宰的动物数量较少，这种方法也有缺陷。

动物标识是一种管理畜群、防止牲畜被盗以及在实施监测计划过程中追踪病例的有效工具。然而，在非洲大部分地区，还没有实施动物标识制度，而且在经济和文化方面都存在着实施这一制度的重大障碍。如果标识制度可行，可能会成为控制CBPP的重要因素。

如今，社区在政府中有了更多的发言权，人们对农牧系统的效用和适宜性有了更广泛的认识。现在人们认为，资源的流动性和灵活使用（甚至是跨界

的），是干旱和半干旱系统生产力可持续发展的关键因素。在非洲大部分地区，移动控制对 CBPP 流行病学产生了重大影响，基本上已不再可行。在非洲南部也有例外，但在大多数情况下，这些干预措施是在几十年前开始实施的，现在要将这些方法推广到新地区将是极其困难的。1994 年，赞比亚实施了包括移动控制、动物标识、检测和屠宰的方案，成功地根除了 CBPP（Muuka 等，2013）。试图为所有地区制定一项通用规则的做法是不合适的。

2.2 扑杀

扑杀（养殖场清群和再引种）具有重要的历史意义，如果可行的话，是一种非常有效的控制手段。如果实施得当，扑杀可以清除染疫动物，比接种疫苗产生的影响要更快速。为了做到有效和公平，扑杀计划应规定按照被销毁牲畜的市场价值或接近市场价值的金额及时进行补偿。

然而，扑杀会造成高昂的社会成本，在许多地方都是不被接受的。在农业企业中，扑杀可能是一种纯粹的商业决策，因为牲畜所有者通常与他们的动物几乎没有什么直接关系。另一方面，在发达国家和发展中国家，饲养户与其牲畜有着直接关系，其中包括复杂且紧密相连的价值和依赖关系。

目前，扑杀措施在某些 CBPP 流行地区并不适用。主要的制约因素是难以支付高昂的补偿费用、向普通公民支付大笔补偿款相关的行政和法律挑战、以及社区不愿意销毁他们的畜群。扑杀作为一种可选择措施的例外情况是，疫病传入或疫点很少，屠宰少量牲畜就可以预防疫病的暴发或长期蔓延。

2.3 疫苗

现有的 CBPP 减毒活疫苗是在 60 多年前研制的。弱毒株具有更强的免疫原性，但存在更大的残留毒性问题。尽管进行了研究，但在研发更有效的疫苗方面几乎没有任何进展。目前推荐的是 T1/44 菌株。

由于病原体的生物学特性和评估方法的局限，CBPP 疫苗效力测试没有可重复性。这使客观记录疫苗的功效面临着挑战，因为重复实验往往会产生截然不同的结果。因此，推荐的 T1/44 疫苗株的临床效力是一个长期讨论的话题。Hudson 和 Turner（Hudson 等，1963）开发了一种复杂的定性、非参数方法，用于对疫苗效力试验进行评分。Hudson 和 Turner 方法对免疫组和对照组的发病和感染指标进行评分，但未评估免疫接种对病原体排出或传播的影响。

回顾 T1/44 疫苗株效力试验，结果表明有些研究在免疫后 3～6 个月内对疫苗进行了评估（Masiga 等，1978；Gilbert 等，1970；Karst，1971；Masiga，

1972；Masiga，Rurangirwa 等，1978；Thiaucourt 等，2000；Wesonga 等，2000）。在这些研究中，报道的对肉眼可见的病理损伤（Ep）的保护效果评分是33%～95%。此外，全球畜牧业兽药联盟（GALVmed）最近资助的一项研究表明，接种疫苗6个月后，损伤减少了87%。其他研究表明，在接种疫苗12～15个月后进行的攻毒试验中，Ep值为66%～78%（Gilbert 等，1970；Masiga 等，1978；Wesonga 等，2000）。然而，一项研究发现，在接种疫苗两年内，尽管16只接种动物中有5只（31.3%）由于接触性攻毒而形成感染性坏死灶，但被攻毒牛T1/44株的Ep值仍然为80%（Windsor 等，1972）。

上述结果表明，在接种疫苗后第一年内，预防临床疫病的平均有效率约为67%。

这项为期两年的免疫后研究很难在证据中进行解释，因为这项研究发现其保护率几乎高于其他所有10项研究。保守的估计可能是，如果免疫接种可以产生免疫力，其效力可能会维持两年。

一些专家认为，加强免疫可以增强效果，产生高水平的群体免疫力。这种效果可以解释在西非和中非每年定期接种RP-CBPP二联疫苗Bisec来抑制CBPP的原因。在一项研究中，在初次接种T1/44疫苗12个月后再次接种，保护率为95%（Wesonga 等，2000）。这基本上是一种基础免疫+加强免疫的策略。然而，考虑到大规模免疫的常规覆盖率为80%，每年连续两次免疫中复免率最多为64%（80%×80%）。

T1/44疫苗与免疫后显著的反应相关，一些非洲品种的牛对这种疫苗非常敏感，免疫后的死亡率高达30%。这种反应是由粗劣的技术造成的。然而，在类似情况下使用其他普通兽医疫苗，不会出现上述严重反应。对五大湖地区的某些品种，绝对禁止免疫。

由于疫苗的低效性以及在曾出现接种后不良反应的地区牲畜所有者的抗拒，单靠免疫很难控制疫病。人们仍有兴趣继续研究疫苗，但迄今为止，尚未有任何疫苗候选株能够成功通过概念验证阶段。

在没有采取严格移动控制的情况下，对现有疫苗的影响进行流行病学分析，结果表明，即使每年有效实施大规模的免疫接种，也不可能根除CBPP。即使是对个别大型畜群，单靠管理良好的免疫也不能有效根除CBPP（Mariner 等，2006）。当然，这一结果与现有免疫实践中的最新结果是一致的。

2.4 诊断学

基于血清学的CBPP诊断是具有挑战性的。CBPP免疫抗体和主动感染抗体的半衰期是以周为单位进行测量的。坏死灶通常不能维持抗体应答。目前，还没有一种血清学试验能充分检测出所有类型的感染。所有试验对感染性坏死灶的敏感性都很低（约70%）。过去的传统观点认为，感染性坏死灶是一个主要的感染源，但现代循证法未能证明感染性坏死灶与疫病暴发之间的联系。今后在诊断试验开发方面的工作应侧重于在与疫病传播有关的流行病学重要阶段进行检测。

CBPP血清学检测的两种主要方法是补体结合试验（CFT）和竞争酶联免疫吸附试验（ELISA）。这两种方法对确诊临床感染的敏感性相当高，大约为98%。这些方法的特异性也很高，可能超过99%。在发现早期病例以及正在康复但仍被感染的动物等方面，仍然存在着一些问题。

聚合酶链式反应（PCR）方法提高了现场诊断病例并确定感染源的能力。展望未来，PCR应有助于阐明关于CBPP疫情起源的流行病学不确定性。

似乎正在研发一种可替代的现场快速诊断方法，这将有助于实施控制计划。由于所检测的抗原相似，人们希望可替代试验的性能统计数据与当前实验室技术相似。值得注意的是，适用于现场的补体结合试验是20世纪60年代推进CBPP控制工作的技术之一，然而由于其操作所需的资源、技能和对细节的关注等问题，已被淘汰。

更好的诊断方法，尤其是现场诊断方法，将使控制更加有效。

2.5 监测

主要监测方法包括：

- 屠宰场监测；
- 采用竞争ELISA或CFT进行血清学监测；
- 参与式监测。

屠宰场监测包括对CBPP典型病变的检查。在流行地区，眼观检查和报告疑似病变就已经足够了。在无疫区或主动控制的地区，病原分离和PCR试验等实验室方法是确诊罕见病例的合适方法。选择性地销售患病动物会导致屠宰场监测出现偏差。如果定价或监管措施妨碍了疑似患病动物的发现，屠宰场监测就会低估流行率。在其他情况下，经济条件可能会驱使主人出售疑似患病动物，而屠宰场畜群感染CBPP的比例就会过高。

为了特定目的，可使用ELISA或CFT进行血清学监测。由于这些试验主要是检测感染情况，因此需要相应地计算样本量。人们常说，需要估计流行率来评估其影响。然而，流行率取决于感染期的持续时间。与引起更多短期致命疫病的急性毒株相比，顽固的温和毒株的持续感染可能会造成较高的群体流行率。因此，流行率可能与死亡率和影响成反比。如果目的是评估影响，那么最好直接衡量结果变量，如死亡率及其对生计的影响。

目前已经广泛使用参与式监测进行 CBPP 研究，并描述 CBPP 对牲畜的影响（Catley 等，2002；Bett 等，2009；Onono 等，2013）。一般来说，东非社区都有 CBPP 的临床术语，他们了解该疫病的流行病学特征，并能描述该疫病是如何影响他们福祉的。通过参与式监测，可以深入了解关于 CBPP 的情况、当前做法和成功制定的控制计划相关信息。

2.6　治疗

在历史上，治疗就是一种流行的做法，但主管机构并不鼓励这种做法，因为传说这种做法能造成坏死灶，并助长 CBPP 在畜群中持续流行。Orue 等人强烈表达了这些观点，这可能是争议的根源（Orue 和 Memery，1961）。认为抗生素能造成坏死灶的这一观点已成为 CBPP 控制相关传统观点的一部分。然而，基于证据的文献综述未能确定支持这一观点的数据。坏死灶的形成是 CBPP 正常愈合过程中的现象，在所有康复的动物中，发现坏死灶的比例很高。此外，从未有人证明有坏死灶的动物是疫病暴发的根源，试图重新激活坏死灶并诱导病原排出的尝试都没有取得成功（Windsor 等，1977）。

有几篇早期论文证明了抗生素的积极作用，以及一些关于治疗后感染的躯体分布情况的有趣信息。在一系列的评估中，据报道，新胂凡纳明（Novarsenobensol）可显著改善感染 CBPP 动物的临床症状，降低死亡率。尸检和培养结果表明，治疗后 6 个月内仍有典型 CBPP 和支原体病变。没有与未经治疗的对照组进行比较，因此不可能知道这些观察结果是否能说明残留病变和感染的增加或减少。Hudson 和 Etheridge 发现泰乐菌素可以改善临床症状，消除菌血症，但不能清除坏死组织的感染（Hudson 等，1965）。Camara 评估了治疗 CBPP 的四种抗生素，发现其中三种（氢碘酸苄青霉素二乙胺乙酯、金霉素和盐酸四环素）是安全的，且治愈率高（Camara，1971）。他得出的结论是，对患病动物的治疗是一种配合免疫的适当干预措施。

近年来，已经进行了一些体外和体内研究来检测药物敏感性和抗生素治疗对临床反应的疗效以及治疗对病原排出和疫病传播的影响。至少有三篇关于体内研究的文章评价了长效土霉素的治疗效果，土霉素是一种抑制支原体的抗生素。长效土霉素的研究发现了较高的存活率和较低的坏死灶形成率（Yaya 等，2003；Niang 等，2006；Niang 等，2010）。在一项实验中，疫病没有通过经治疗的动物传播给接触对照组。

一项关于丹诺沙星的研究发现，从统计学角度来看，接触对照组感染疫病的概率明显减少了，但在临床病程或病变形成方面，经治疗的动物和对照组之间没有显著差异（Huebschle等，2006）。在随后使用丹诺沙星现场控制疫情时（Nicholas等，2007），发现疫情得到抑制，同时临床症状、死亡率、血清阳性率和病变严重程度大大降低。

除了丹诺沙星对照试验外，所有关于体内研究的报告都指出，抗生素可以缓解临床症状并提高存活率。现有证据和历史证据都表明，治疗可以减轻慢性病变和反复感染的严重程度。治疗对循环组织和外周组织中支原体的抑制作用，可以解释在相关研究中丹诺沙星和长效土霉素对疫病传播的抑制。

基于Niang等人的总结（Niang，2015），抗生素（长效土霉素和丹诺沙星）体内研究表明：

- 明显降低临床疫病的严重程度，提高康复率；
- 降低坏死灶的形成率；
- 不彻底或延迟清除感染；
- 抑制菌血症；
- 降低传播率。

最近的体外研究侧重于第三代大环内酯类药物，如托拉菌素（Mitchell等，2012）和加米霉素（Mitchell等，2013），这些药物用于治疗由牛支原体、溶血性曼氏杆菌、多杀性巴氏杆菌和睡眠嗜组织菌引起的牛呼吸道疾病。一个有趣的发现是，生物因子的添加，如血清，增强了某些抗生素的效果，但降低了其他抗生素的影响。例如，托拉菌素在血清中的最低抑制浓度比在培养基中低330倍（Mitchell等，2013）。这表明，体外研究可能有误导性，应该重点资助开展体内评估。

目前，进口土霉素的浓度范围很广（从3%或更低到高达20%），这是一个监管缺口。这种情况使得很难向牲畜所有者提供关于正确剂量和给药时间的适当指导，并导致使用的剂量不足。适用于反刍动物的进口土霉素应限制为10%～20%，并必须有独特的标签，以便在当地市场上能识别出来。

由GALVmed资助的研究已经检验了这些第三代大环内酯类药物（托拉菌素和加米霉素）和土霉素治疗活牛的效果。他们发现，这三种抗生素可以使感染了MmmSC型Afade株的动物的肺部病变评分降低80%～90%。对于Afade株，对照组的感染率为92.3%，而使用托拉菌素、加米霉素和土霉素治疗的动物的感染率分别为7.7%、15.4%和42.9%。在这三个治疗组中，感染率的降低都具有统计学意义。对于感染了MmmSC型Caprivi株的动物，使用托拉菌素或加米霉素治疗，可使其肺部病变评分降低100%，而土霉素则可降低77.5%。这是发达国家建议使用标准抗生素治疗牛肺炎来清除CBPP感染的有力证据。

研究与未治疗的对照组、第三代大环内酯类药物治疗组和土霉素治疗组接触的哨兵动物的疫病传播情况，结果表明，治疗可将传播降低到与根除相一致的程度。模型研究表明，使用第三代大环内酯类药物检测和治疗临床病例，可以在6个月内消除社区畜群的感染病例（Mariner等，2018）。

参考文献
REFERENCES

Amanfu, W. 2009. Contagious bovine pleuropneumonia (lung sickness) in Africa. *Onderstepoort Journal of Veterinary Research*, 76 (1): 13-17.

Bett, B., Jost, C., Allport, R. & Mariner, J. 2009. Using participatory epidemiological techniques to estimate the relative incidence and impact on livelihoods of livestock diseases amongst nomadic pastoralists in Turkana South District, Kenya. *Preventive Veterinary Medicine*, 90 (3-4): 194-203.

Camara, A. 1971. *Traitement de la peripneumonie contagieuse du boeuf par les antibiotiques*. Revue d Elevage et de Medecine Veterinaire des Pays Tropicaux, 24 (2): 219-232.

Catley, A., Osman, J., Mawien, C., Jonesm, B. A. & Leyland, T. J. 2002. Participatory analysis of seasonal incidences of diseases of cattle, disease vectors and rainfall in southern Sudan. *Preventive Veterinary Medicine*, 53 (4): 275-284.

FAO. 2016. *The FAO Action Plan on Antimicrobial Resistance* 2016—2020-*Supporting the food and agriculture sectors in implementing the Global Action Plan on Antimicrobial Resistance to minimize the impact of antimicrobial resistance*. Rome, FAO. (also available at www. fao. org/3/a-i5996e. pdf)

FAO-OIE-AU/IBAR-IAEA. 2003. *Towards Sustainable CBPP Control Programmes for Africa. FAO-OIE-AU/IBAR-IAEA Consultative Group on Contagious Bovine Pleuropneumonia Third Meeting*. FAO Animal Production and Health Proceedings No. 3. Rome, FAO. (also available at www. fao. org/3/y5510e/y5510e00. htm).

FAO-OIE-AU/IBAR-IAEA. 2006. *CBPP Control: Anitbiotics to the Rescue? FAO-OIE-AU/IBARIAEA Consultative Group Meeting on CBPP in Africa*. Rome, 6-8 November 2006. FAO Animal Production and Health proceedings No. 8. Rome, FAO. (also available at www. fao. org/3/ah672e/ah672e. pdf).

FAO-OIE-AU/IBAR-IAEA. 2016. *Can contagious bovine pluerop nuemonia*

(*CBPP*) *be eradicated*? Proceedings of the FAO-OIE-AU/IBAR-IAEA Consultative Group on CBPP Fifth Meeting. Rome, FAO. (also available at www. fao. org/3/a-i6126e. pdf)

Gilbert, F. R., Davies, G., Read, W. C. & Turner, G. R. 1970. The efficacy of T1 strain broth vaccine against contagious bovine pleuropneumonia: in-contact trials carried out six and twelve months after primary vaccination. *Veterinary Record*, 86 (2): 29-33.

Hammond, J. A. & Branagan, D. 1965. Contagious bovine pleuropneumonia in Tanganyika. *Bulletin of epizootic diseases of Africa. Bulletin des épizooties en Afrique*, 13 (2): 121-147.

Hudson, J. R. & Etheridge, J. R. 1965. Contagious bovine pleuropneumonia: Experiments with the antibiotic tylosin. *Australian Veterinary Journal*, 41 (2): 130-135.

Hudson, J. R. & Turner, G. R. 1963. Contagious bovine pleuropneumonia: A comparison of the efficacy of two types of vaccine. *Australian Veterinary Journal*, 33 (3): 373-385.

Huebschle, O. J., Ayling, R. D., Godinho, K., Lukhele, O., Tjipura-Zaire, G., Rowan, T. G. & Nicholas, R. A. 2006. Danofloxacin (Advocin) reduces the spread of contagious bovine pleuropneumonia to healthy in-contact cattle. *Research in Veterinary Science*, 81 (3): 304-309.

Kairu-Wanyoike, S. W., Kaitibie, S., Heffernan, C., Taylor, N. M., Gitau, G. K., Kiara, H. & McKeever, D. 2014. Willingness to pay for contagious bovine pleuropneumonia vaccination in Narok South District of Kenya. *Preventive Veterinary Medicine*, 115 (3-4): 130-142.

Karst, O. 1971. A comparison of 2 vaccines against contagious bovine pleuropneumonia. *Research in Veterinary Science*, 12 (1): 18-22.

Lees, P. & Shojaee Aliabadi, F. 2002. Rational dosing of antimicrobial drugs: animals versus humans. *International Journal on Antimicrobial Agents*, 19 (4): 269-284.

Mariner, J. C., House, J. A., Mebus, C. A., Sollod, A. E., Chibeu, D., Jones, B. A., Roeder, P. L., Admassu, B. & van't Klooster, G. G. 2012. Rinderpest eradication: appropriate technology and social innovations. *Science*, 337 (6100): 1309-1312.

Mariner, J. C., McDermott, J., Heesterbeek, J. A., Thomson, G., Roeder P. L. & Martin, S. W. 2006. A heterogeneous population model for contagious bovine pleuropneumonia transmission and control in pastoral communities of East Africa. *Preventive Veterinary Medicine*, 73 (1): 75-91.

Mariner, J. C., Wesonga, H., Muuka, G., Stuke, K. & Colston, A. 2018. Modelling the effects of vaccination and treatment with third generation macrolides on persistence and impact of contagious bovine pleuropneumonia. *GALVMed*.

Marobela-Roborokgwe, C. 2011. Contagious bovine pleuropneumonia in Botswana: experience with control, eradication, prevention and surveillance. *Veterinaria Italiana*, 47 (4): 397-405.

Masiga, W. N. 1972. Comparative susceptibility of Bos indicus and Bos taurus to contagious bovine pleuropneumonia, and the efficacy of the T1 broth culture vaccine. *Veterinary Record*, 90 (18): 499-502.

Masiga, W. N., Domenech, J. & Windsor, R. S. 1996. Manifestation and epidemiology of contagious bovine pleuropneumonia in Africa. *Revue Scientifique et Technique* , 15 (4): 1283-1308.

Masiga, W. N., Rurangirwa, F. R., Roberts, D. H. & Kakoma, I. 1978. Contagious bovine pleuropneumonia: comparative efficacy trial of the (freeze-dried French T1 vaccine) and the T1 broth culture vaccine (Muguga). *Bulletin of Animal Health and Production in Africa*, 26 (3): 216-223.

Mitchell, J. D., Goh, S., McKellar, Q. A. & McKeever, D. J. 2013. In vitro pharmacodynamics of gamithromycin against *Mycoplasma mycoides* subspecies *mycoides* Small Colony. *Veterinary Journal*, 197 (3): 806-811.

Mitchell, J. D., McKellar, Q. A. & McKeever, D. J. 2012. Pharmacodynamics of antimicrobials against *Mycoplasma mycoides mycoides* small colony, the causative agent of contagious bovine pleuropneumonia. *PLoS One*, 7 (8): e44158.

Mitchell, J. D., McKellar, Q. A. & McKeever, D. J. 2013. Evaluation of antimicrobial activity against *Mycoplasma mycoides* subsp. *mycoides* Small Colony using an in vitro dynamic dilution pharmacokinetic/pharmacodynamic model. *Journal of Medical Microbiology*, 62 (1): 56-61.

Muuka, G., Songolo, N., Kabilika, S., Hang'ombe, B. M., Nalubamba, K. S. & Muma, J. B. 2012. Challenges of controlling contagious bovine pleuropneumonia in sub-Saharan Africa: a Zambian perspective. *Trop Anim Health Prod*, 45 (1): 9－15.

Newton, L. G. 1992. Contagious bovine pleuropneumonia in Australia: some historic highlights from entry to eradication. *Aust Vet J*, 69 (12): 306－317.

Newton, L. G. & Norris, R. 1992. Clearing a Continent. The erdication of bovine pleuropneumonia from Australia. Collingwood Australia, CSIRO Publishing.

Niang, M., Sery, A., Cisse, O., Diallo, M., Doucoure, M., Kone, M., Simbe, C. F. *et al.* 2006. Effect of antibiotic therapy on the pathogenesis of CBPP: Experimental transmission of the disease by contact from infected animals treated with oxytetracycle. Fourth Meeting of FAOOIE-AU/IBAR-IAEA Consultative Group on CBPP in Africa. Rome, FAO.

Niang, M., Sery, A., Doucoure, M., Kone, M., N'Diaye, M., Amanfu, W. & Thiaucourt, F. 2010. Experimental studies on the effect of long-acting oxytetracycle treatment in the development of sequestra in contagious bovine pleuropneumonia-infected cattle. *Journal of Veterinary Medicine and Animal Health*, 2 (4): 35－45.

Nicholas, R., Bashiruddin, J., Aylin, R. & Miles, R. 2000. Contagious bovine pleuropneumonia: A review of recent developments. *Veterinary Bulletin*, 70 (8): 827－838.

Nicholas, R. A. J., Aschenborn, H. K. O., Ayling, R. D., Loria, G. R., Lukhele, O., Tjipura-Zaire, G. & Godinho, K. 2007. Effect of Advocin on the elimination of CBPP from the Caprivi region of Namibia. Fourth Meeting of the FAO-OIE-AU/IBAR-IAEA Consultative Group on CBPP in Africa CBPP Control: Antibiotics to the Rescue? Rome, FAO. 8: 33－40.

Noah, E. Y., Kimera, K. I, Kusiluka, L. J. M. & Wambura, P. 2015. Abattoir surveillance demonstrates contagious bovine pleuropneumonia is widespread in Tanzania. *Tropical Animal Health and Production*, 47 (8): 1607－1613.

OIE. 2015. OIE Standard Operating Procedure or official recognition of disease status or risk status of bovine spongiform encephalopathy and for the endorsement of national official control programmes of Member Countries.

Paris，OIE.

OIE. 2016. Chapter 11. 7. Infection with *Mycoplasam mycoides* subsp. *mycoides* SC (Contagious Bovine Pleuoropneumonia). *Terrestial Animal Health Code*. Paris，OIE.

Onono，J. O.，Wieland，B. & Rushton，J. 2013. Constraints to cattle production in a semiarid pastoral system in Kenya. *Tropical Animal Health and Production*，45 (6)：1415 - 1422.

Orue，J. & Memery，G. 1961. La peripneumonie contagieuse bovine. Traitement par le Novarsenbenzol. Consequences epidemiologues et prophylactiques. *Revue d'Elevage et de Medecine Veterinaire des Pays Tropicaux*，14 (4)：405 - 411.

Provost，A.，Borredon，C. & Queval，R. 1970. Immunological studies on bovine pleuropneumonia. XI. A combined living antibovipestic antiperipneumonic vaccine inoculated at the same time. Concept，production，controls. *Revue d'Elevage et de Medecine Veterinaire des Pays Tropicaux*，23 (2)：143 - 162.

Sarasola，P.，Lees，P.，AliAbadi，F. S.，McKellar，Q. A.，Donachie，W.，Marr，K. A.，Sunderland S. J.，& Rowan T. G. 2002. Pharmacokinetic and pharmacodynamic profiles of danofloxacin administered by two dosing regimens in calves infected with *Mannheimia* (*Pasteurella*) *haemolytica*. *Antimicrobial Agents Chemotherapy*，46 (9)：3013 - 3019.

Thiaucourt，F.，Yaya，A.，Wesonga，H.，Huebschle，O. J.，Tulasne，J. J. & Provost，A. 2000. Contagious bovine pleuropneumonia. A reassessment of the efficacy of vaccines used in Africa. *Annals of the New York Academy of Science*，916：71 - 80.

Thomson，G. R. 2005. *Contagious bovine pleuropneumonia and poverty. As strategy for addressing the effects of the disease in Africa*. Research Report for DFID. Edinburgh，Centre for Tropical Veterinary Medicine.

Wesonga，H. O. & Thiaucourt，F. 2000. Experimental studies on the efficacy of T1sr and T1/44 vaccine of *Mycoplasma mycoides* subspecies *mycoides* (small colony) against a field isolate causing contagious bovine pleuropneumonia in Kenya-effect of a revaccination. *Revue Elev MedVet Pays Trop*，53：313 - 318.

Windsor，R. S. & Masiga，W. N. 1977. Investigations into the role of carrier animals in the spread of contagious bovine pleuropneumonia.

Research in *Veterinary Science*, 23 (2): 224 - 229.

Windsor, R. S., Masiga, W. N. & Read, W. C. 1972. The efficacy of T strain broth vaccine against contagious bovine pleuropneumonia: in-contact trials carried out two years after primary vaccination. *Veterinary Record*, 90 (1): 2 - 5.

Yaya, A., Wesonga, H. & Thiaucourt, F. 2003. Use of long acting tetracycline for CBPP: preliminary results. 3rd FAO-OIE-AU/IBAR-IAEA Consultative Group Meeting on Contagious Bovine Pleuropneumonia. Rome, FAO.

Zachariah, R., Harries, A. D. F., Ishikawa, N., Rieder, H. L., Bissell, K., Laserson, K., Massaquoi, M., Van Herp, M. & Reid T. 2009. Operational research in low-income countries: What, why and how? *Lancet Infectetious Diseases*, 9: 711 - 717.

粮农组织技术手册

粮农组织畜牧生产及动物卫生手册

1. Animal breeding：selected articles from the *World Animal Review*，1977（C E F S）
2. Eradication of hog cholera and African swine fever，1976（E F S）
3. Insecticides and application equipment for tsetse control，1977（E F）
4. New feed resources，1977（E/F/S）
5. Bibliography of the criollo cattle of the Americas，1977（E/S）
6. Mediterranean cattle and sheep in crossbreeding，1977（E F）
7. The environmental impact of tsetse control operations，1977（E F）
7. Rev. 1 The environmental impact of tsetse control operations，1980（E F）
8. Declining breeds of Mediterranean sheep，1978（E F）
9. Slaughterhouse and slaughterslab design and construction，1978（E F S）
10. 动物饲料用稻草处理，1978（C E F S）
11. Packaging，storage and distribution of processed milk，1978（E）
12. 反刍动物营养：《世界动物评论》精选论文，1978（C E F S）
13. Buffalo reproduction and artificial insemination，1979（E*）
14. The African trypanosomiases，1979（E F）
15. Establishment of dairy training centres，1979（E）
16. Open yard housing for young cattle，1981（Ar E F S）
17. Prolific tropical sheep，1980（E F S）
18. Feed from animal wastes：state of knowledge，1980（C E）
19. East Coast fever and related tick-borne diseases，1980（E）

20/1. Trypanotolerant livestock in West and Central Africa-Vol. 1. General study，1980（E F）

20/2. Trypanotolerant livestock in West and Central Africa-Vol. 2. Country studies，1980（E F）

20/3. Le betail trypanotolerant en Afrique occidentale et centrale-Vol. 3. Bilan d'une decennie，1988（F）

21. Guideline for dairy accounting，1980（E）
22. Recursos geneticos animales en America Latina，1981（S）
23. 精液和胚胎的疫病控制，1981（C E F S）
24. 动物遗传资源保护与管理，1981（C E）
25. 牛的繁殖率，1982（C E F S）
26. Camels and camel milk，1982（E）
27. Deer farming，1982（E）
28. Feed from animal wastes：feeding manual，1982（C E）

29. Echinococcosis/hydatidosis surveillance, prevention and control: FAO/UNEP/WHO guidelines, 1982 (E)
30. Sheep and goat breeds of India, 1982 (E)
31. Hormones in animal production, 1982 (E)
32. Crop residues and agro-industrial by-products in animal feeding, 1982 (E/F)
33. Haemorrhagic septicaemia, 1982 (E F)
34. Breeding plans for ruminant livestock in the tropics, 1982 (E F S)
35. Off-tastes in raw and reconstituted milk, 1983 (Ar E F S)
36. Ticks and tick-borne diseases: selected articles from the *World Animal Review*, 1983 (E F S)
37. African animal trypanosomiasis: selected articles from the *World Animal Review*, 1983 (E F)
38. Diagnosis and vaccination for the control of brucellosis in the Near East, 1982 (Ar E)
39. Solar energy in small-scale milk collection and processing, 1983 (E F)
40. Intensive sheep production in the Near East, 1983 (Ar E)
41. Integrating crops and livestock in West Africa, 1983 (E F)
42. Animal energy in agriculture in Africa and Asia, 1984 (E/F S)
43. Olive by-products for animal feed, 1985 (Ar E F S)
44/1. Animal genetic resources conservation by management, data banks and training, 1984 (E)
44/2. Animal genetic resources: cryogenic storage of germplasm and molecular engineering, 1984 (E)
45. Maintenance systems for the dairy plant, 1984 (E)
46. Livestock breeds of China, 1984 (E F S)
47. Refrigeration du lait a la ferme et organisation des transports, 1985 (F)
48. La fromagerie et les varietes de fromages du bassin mediterraneen, 1985 (F)
49. Manual for the slaughter of small ruminants in developing countries, 1985 (E)
50. Better utilization of crop residues and by-products in animal feeding: research guidelines-1. State of knowledge, 1985 (E)
50/2. Better utilization of crop residues and by-products in animal feeding: research guidelines-2. A practical manual for research workers, 1986 (E)
51. Dried salted meats: charque and carne-de-sol, 1985 (E)
52. Small-scale sausage production, 1985 (E)
53. Slaughterhouse cleaning and sanitation, 1985 (E)
54. Small ruminants in the Near East-Vol. I. Selected papers presented for the Expert Consultation on Small Ruminant Research and Development in the Near East (Tunis, 1985), 1987 (E)
55. Small ruminants in the Near East-Vol. II. Selected articles from *World Animal Review* 1972-1986, 1987 (Ar E)

56. Sheep and goats in Pakistan, 1985 (E)
57. The Awassi sheep with special reference to the improved dairy type, 1985 (E)
58. Small ruminant production in the developing countries, 1986 (E)
59/1. Animal genetic resources data banks-1. Computer systems study for regional data banks, 1986 (E)
59/2. Animal genetic resources data banks-2. Descriptor lists for cattle, buffalo, pigs, sheep and goats, 1986 (E F S)
59/3. Animal genetic resources data banks-3. Descriptor lists for poultry, 1986 (E F S)
60. Sheep and goats in Turkey, 1986 (E)
61. The Przewalski horse and restoration to its natural habitat in Mongolia, 1986 (E)
62. Milk and dairy products: production and processing costs, 1988 (E F S)
63. FAO关于发展中国家动物生产体系中替代进口浓缩饲料的专家磋商会论文集, 1987 (C E)
64. Poultry management and diseases in the Near East, 1987 (Ar)
65. Animal genetic resources of the USSR, 1989 (E)
66. Animal genetic resources-strategies for improved use and conservation, 1987 (E)
67/1. Trypanotolerant cattle and livestock development in West and Central Africa-Vol. I, 1987 (E)
67/2. Trypanotolerant cattle and livestock development in West and Central Africa-Vol. II, 1987 (E)
68. Crossbreeding *Bos indicus* and *Bos taurus* for milk production in the tropics, 1987 (E)
69. Village milk processing, 1988 (E F S)
70. Sheep and goat meat production in the humid tropics of West Africa, 1989 (E F)
71. The development of village-based sheep production in West Africa, 1988 (Ar E F S) (Published as Training manual for extension workers, M/S5840E)
72. Sugarcane as feed, 1988 (E/S)
73. Standard design for small-scale modular slaughterhouses, 1988 (E)
74. Small ruminants in the Near East-Vol. III. North Africa, 1989 (E)
75. The eradication of ticks, 1989 (E/S)
76. Ex situ cryoconservation of genomes and genes of endangered cattle breeds by means of modern biotechnological methods, 1989 (E)
77. Training manual for embryo transfer in cattle, 1991 (E)
78. Milking, milk production hygiene and udder health, 1989 (E)
79. Manual of simple methods of meat preservation, 1990 (E)
80. Animal genetic resources-a global programme for sustainable development, 1990 (E)
81. Veterinary diagnostic bacteriology-a manual of laboratory procedures of selected diseases of livestock, 1990 (E F)
82. Reproduction in camels-a review, 1990 (E)

83. Training manual on artificial insemination in sheep and goats, 1991 (E F)
84. Training manual for embryo transfer in water buffaloes, 1991 (E)
85. The technology of traditional milk products in developing countries, 1990 (E)
86. Feeding dairy cows in the tropics, 1991 (E)
87. Manual for the production of anthrax and blackleg vaccines, 1991 (E F)
88. Small ruminant production and the small ruminant genetic resource in tropical Africa, 1991 (E)
89. Manual for the production of Marek's disease, Gumboro disease and inactivated Newcastle disease vaccines, 1991 (E F)
90. Application of biotechnology to nutrition of animals in developing countries, 1991 (E F)
91. Guidelines for slaughtering, meat cutting and further processing, 1991 (E F)
92. Manual on meat cold store operation and management, 1991 (E S)
93. Utilization of renewable energy sources and energy-saving technologies by small-scale milk plants and collection centres, 1992 (E)
94. Proceedings of the FAO expert consultation on the genetic aspects of trypanotolerance, 1992 (E)
95. Roots, tubers, plantains and bananas in animal feeding, 1992 (E)
96. Distribution and impact of helminth diseases of livestock in developing countries, 1992 (E)
97. Construction and operation of medium-sized abattoirs in developing countries, 1992 (E)
98. Small-scale poultry processing, 1992 (Ar E)
99. In situ conservation of livestock and poultry, 1992 (E)
100. Programme for the control of African animal trypanosomiasis and related development, 1992 (E)
101. Genetic improvement of hair sheep in the tropics, 1992 (E)
102. Legume trees and other fodder trees as protein sources for livestock, 1992 (E)
103. Improving sheep reproduction in the Near East, 1992 (Ar)
104. The management of global animal genetic resources, 1992 (E)
105. Sustainable livestock production in the mountain agro-ecosystem of Nepal, 1992 (E)
106. Sustainable animal production from small farm systems in South-East Asia, 1993 (E)
107. Strategies for sustainable animal agriculture in developing countries, 1993 (E F)
108. Evaluation of breeds and crosses of domestic animals, 1993 (E)
109. Bovine spongiform encephalopathy, 1993 (Ar E)
110. L'amelioration genetique des bovins en Afrique de l'Ouest, 1993 (F)
111. L'utilizacion sostenible de hembras F1 en la produccion del ganado lechero tropical, 1993 (S)
112. Physiologie de la reproduction des bovins trypanotolerants, 1993 (F)
113. The technology of making cheese from camel milk (*Camelus dromedarius*),

2001 (E F)

114. Food losses due to non-infectious and production diseases in developing countries, 1993 (E)
115. Manuel de formation pratique pour la transplantation embryonnaire chez la brebis et la chevre, 1993 (F S)
116. Quality control of veterinary vaccines in developing countries, 1993 (E)
117. L'hygiene dans l'industrie alimentaire, 1993 - Les produits et l'aplication de l'hygiene, 1993 (F)
118. Quality control testing of rinderpest cell culture vaccine, 1994 (E)
119. Manual on meat inspection for developing countries, 1994 (E)
120. Manual para la instalacion del pequeno matadero modular de la FAO, 1994 (S)
121. A systematic approach to tsetse and trypanosomiasis control, 1994 (E/F)
122. El capibara (*Hydrochoerus hydrochaeris*) - Estado actual de su produccion, 1994 (S)
123. Edible by-products of slaughter animals, 1995 (E S)
124. L'approvisionnement des villes africaines en lait et produits laitiers, 1995 (F)
125. Veterinary education, 1995 (E)
126. Tropical animal feeding-A manual for research workers, 1995 (E)
127. World livestock production systems-Current status, issues and trends, 1996 (E)
128. Quality control testing of contagious bovine pleuropneumonia live attenuated vaccine-Standard operating procedures, 1996 (E F)
129. The world without rinderpest, 1996 (E)
130. Manual de practicas de manejo de alpacas y llamas, 1996 (S)
131. Les perspectives de developpement de la filiere lait de chevre dans le basin mediterraneen, 1996 (F)
132. Feeding pigs in the tropics, 1997 (E)
133. Prevention and control of transboundary animal diseases, 1997 (E)
134. Tratamiento y utilizacion de residuos de origen animal, pesquero y alimenticio en la alimentacion animal, 1997 (S)
135. Roughage utilization in warm climates, 1997 (E F)
136. Proceedings of the first Internet Conference on Salivarian Trypanosomes, 1997 (E)
137. Developing national emergency prevention systems for transboundary animal diseases, 1997 (E)
138. Produccion de cuyes (*Cavia porcellus*), 1997 (S)
139. Tree foliage in ruminant nutrition, 1997 (E)

140/1. Analisis de sistemas de produccion animal-Tomo 1: Las bases conceptuales, 1997 (S)

140/2. Analisis de sistemas de produccion animal-Tomo 2: Las herramientas basicas, 1997 (S)

141. Biological control of gastro-intestinal nematodes of ruminants using predacious fungi, 1998 (E)

142. Village chicken production systems in rural Africa-Household food security and gender issues, 1998 (E)
143. Agroforesteria para la produccion animal en America Latina, 1999 (S)
144. Ostrich production systems, 1999 (E)
145. New technologies in the fight against transboundary animal diseases, 1999 (E)
146. El burro como animal de trabajo-Manual de capacitacion, 2000 (S)
147. Mulberry for animal production, 2001 (E)
148. Los cerdos locales en los sistemas tradicionales de produccion, 2001 (S)
149. 基于作物残留的动物生产——中国经验，2001 (C E)
150. Pastoralism in the new millennium, 2001 (E)
151. Livestock keeping in urban areas-A review of traditional technologies based on literature and field experiences, 2001 (E)
152. Mixed crop-livestock farming-A review of traditional technologies based on literature and field experiences, 2001 (E)
153. Improved animal health for poverty reduction and sustainable livelihoods, 2002 (E)
154. Goose production, 2002 (E F)
155. Agroforesteria para la produccion animal en America Latina-II, 2003 (S)
156. Guidelines for coordinated human and animal brucellosis surveillance, 2003 (E)
157. Resistencia a los antiparasitarios-Estado actual con enfasis en America Latina, 2003 (S)
158. Employment generation through small-scale dairy marketing and processing, 2003 (E)
159. Good practices in planning and management of integrated commercial poultry production in South Asia, 2003 (E)
160. 动物饲料质量与安全性评估，2004 (E, C)
161. FAO technology review: Newcastle disease, 2004 (E)
162. Uso de antimicrobianos en animales de consumo-Incidencia del desarrollo de resistencias en la salud publica, 2004 (S)
163. HIV infections and zoonoses, 2004 (E F S)
164. Feed supplementation blocks-Urea-molasses multinutrient blocks: simple and effective feed supplement technology for ruminant agriculture, 2007 (E)
165. Biosecurity for Highly Pathogenic Avian Influenza-Issues and options, 2008 (E F Ar V)
166. International trade in wild birds, and related bird movements, in Latin America and the Caribbean, 2009 (Se Ee)
167. Livestock keepers-guardians of biodiversity, 2009 (E)
168. Adding value to livestock diversity-Marketing to promote local breeds and improve livelihoods, 2010 (E, F, S)
169. 猪场生物安全良好规范——发展中国家和转型期国家的问题和选择，2010 (E, F, C, R** S**)

170. La salud publica veterinaria en situaciones de desastres naturales y provocados，2010（S）
171. Approaches to controlling，preventing and eliminating H5N1 HPAI in endemic countries，2011（E，Ar）
172. Crop residue based densified total mixed ration-A user-friendly approach to utilise food crop by-products for ruminant production，2012（E）
173. Balanced feeding for improving livestock productivity-Increase in milk production and nutrient use efficiency and decrease in methane emission，2012（E）
174. Invisible Guardians-Women manage livestock diversity，2012（E）
175. Enhancing animal welfare and farmer income through strategic animal feeding-Some case studies，2013（E）
176. Lessons from HPAI-A technical stocktaking of coutputs，outcomes，best practices and lessons learned from the fight against highly pathogenic avian influenza in Asia 2005－2011，2013（E）
177. Mitigation of greenhouse gas emissions in livestock production-A review of technical options for non-CO_2 emissions，2013（E，Se）
178. Африканская Чума Свиней в Российской Федерации（2007—2012），2014（R）
179. Probiotics in animal nutrition-Production，impact and regulation，2016（E）
180. Control of Contagious Bovine Pleuropneumonia-A policy for coordinated actions，2018（E）

可获得日期：2019年3月

Ar——阿拉伯文
C——中文
E——英文
F——法文
P——葡萄牙文
S——西班牙文
R——俄文
V——越南文
Multil——多语种
*——停止印刷
**——准备印刷
e——电子出版物

粮农组织技术手册可通过粮农组织授权的销售代理或直接从粮农组织市场营销组获得，地址：Viale delle Terme di Caracalla，00153 Rome，Italy。

可从下列网址查找更多出版物

http：//www. fao. org/ag/againfo/resources/en/publications. html

图书在版编目（CIP）数据

控制牛传染性胸膜肺炎：协调行动政策 / 联合国粮食及农业组织编著；朱琳等译．—北京：中国农业出版社，2021.6

（FAO 中文出版计划项目丛书）

ISBN 978-7-109-28155-4

Ⅰ.①控… Ⅱ.①联… ②朱… Ⅲ.①牛病－传染病防治 Ⅳ.①S858.23

中国版本图书馆 CIP 数据核字（2021）第 070461 号

著作权合同登记号：图字 01－2021－2167 号

控制牛传染性胸膜肺炎：协调行动政策

KONGZHI NIU CHUANRANXING XIONGMO FEIYAN：XIETIAO XINGDONG ZHENGCE

中国农业出版社出版

地址：北京市朝阳区麦子店街 18 号楼

邮编：100125

责任编辑：郑　君　　文字编辑：范　琳

版式设计：王　晨　　责任校对：沙凯霖

印刷：北京中兴印刷有限公司

版次：2021 年 6 月第 1 版

印次：2021 年 6 月北京第 1 次印刷

发行：新华书店北京发行所

开本：700mm×1000mm　1/16

印张：3.5

字数：70 千字

定价：29.00 元
